Georg Blattmann

# Das Rätsel der Kometen

Georg Blattmann

# Das Rätsel der Kometen

Verlag Urachhaus Stuttgart

2. Auflage 1975

Gesamtherstellung Greiserdruck Rastatt
ISBN 3 87838 183 2

Liebe Zuhörer!

Heute spricht kaum noch ein Mensch von dem Kometen Kohoutek, ja man hat sich schon fast abgewöhnt, an ihn zu denken, obschon er doch bis zum Anfang dieses Jahres[1] monatelang durch alle Nachrichtenmedien gegeistert war. Vielleicht verdrängt man den Gedanken an ihn ganz gern, weil er so sehr unsere Hoffnungen enttäuscht hat. Nun, es freut mich besonders, daß Sie trotzdem der Einladung, vom Rätsel der Kometen zu hören, gefolgt sind; denn, wenn er uns auch enttäuscht hat: Ich glaube, gerade mit dem Kometen Kohoutek lohnt es sich, sich noch ein wenig zu befassen, auch wenn man nicht darauf rechnen kann, daß man ihn noch einmal erblickt in diesem Leben. Denn der Komet Kohoutek hat eben dadurch, daß er sich so unvorhergesehen benommen hat, etwas offenbart vom eigentlichen Wesen der Kometen.
Es ist so: Die Zeitungsmeldungen, die wir über ihn gelesen haben – fast ein Jahr lang –, waren von voreiliger Art. Wie die Journalisten es eben machen, sie stürzen sich auf so einen fetten Brocken, und dann wird er ausgeschlachtet nach allen Richtungen. Ein sachlicher, nüchterner Wissenschaftler wie Dr. Luboš Kohoutek, der ihn zuerst entdeckt hat und von dem er den Namen bekommen hat, verhält sich da ganz anders. Es kam ein Büchlein heraus im Herbst letzten Jahres: »Der Jahrhundertkomet Kohoutek«[2] (dieser Titel ist eben eine jener voreiligen Formulierungen), darin schreibt als erster Dr. Kohoutek selbst und sagt (im August 1973 hat er das niedergeschrieben): »Kein Astronom kann ... schon heute genau ausrechnen, welche maximale Helligkeit dieser Ko-

[1] Der Vortrag wurde am 18. 4. 1974 gehalten.
[2] Deutsche Verlags-Anstalt, Stuttgart 1973.

met erreichen wird oder welche Schweifart und -größe er entwickeln wird.« In den Zeitungen und Illustrierten konnten sie das alles aber ganz genau lesen. »Wie bei allen neuen Kometen muß man sich auch bei dem Kometen 1973 f« (so heißt nämlich sein wissenschaftlicher Name genau, und dazu bekommt er dann den etwas klangvolleren Namen seines Entdeckers: Kohoutek) »auf alle Eventualitäten vorbereiten: dieser Komet kann überraschend hell und eindrucksvoll werden, er könnte aber auch enttäuschen. Beispiele für eine ungewöhnliche Entwicklung sind in der Geschichte der Kometenastronomie nicht selten.«

Sie sehen, das war gar nicht eine Besonderheit des Kometen Kohoutek, daß er sich anders verhalten hat, als man es von ihm erwartete, sondern damit zeigte er nur eine Eigenschaft, die ihm in charakteristischer Weise als Kometen eben zukommt. Andere Kometen haben diese Eigenschaft auch, sich unvorhergesehen zu verhalten, gleichsam exzentrisch, eigenwillig sich aufzuführen am Himmel. Sie haben – und dadurch unterscheiden sie sich gerade von allen anderen Himmelskörpern – einen gewissen Freiheits-Spielraum. Nicht wahr, den Mond und die Planeten, gar nicht zu reden von den Fixsternen, die können wir heute astronomisch-mathematisch bis in jede Einzelheit beherrschen, das heißt ihren Ort am Himmel, ihren Gang auf Jahre oder Jahrzehnte oder Jahrhunderte hinaus genau vorhersagen. Das können wir bei einem Kometen nicht. Der Komet hat wirklich eine Freiheits-Dimension. Nun, die Journalisten sind ja einfallsreiche Leute und haben natürlich nach passenden Worten gesucht, mit denen man solch ein merkwürdiges Wesen bezeichnen kann; und so konnte man in einer Zeitung etwa lesen: »Kometen, die Vagabunden des Himmels«. Gar nicht schlecht, dieser Ausdruck, denn er gibt wirklich etwas wieder von der schweifenden, unberechenbaren Wesensart. Ein Astronom vom Anfang des Jahrhunderts hat einmal gesagt, die Haupteigenschaft der Kometen sei, daß sie den Gesetzen des übrigen Sonnensystems nicht folgen. Man kann statt Vagabunden vielleicht auch einen etwas freundlicheren, noch treffenderen Ausdruck finden: Die Kometen sind eigentlich die *Freiheitshelden des Universums.*

Es lohnt sich sicher, einmal dem Gedanken nachzuhängen: Wahrscheinlich könnte es auf der Erde, im menschlichen Bereich, im Schicksalsbereich, gar keine Freiheit geben, wenn es nicht auch im Kosmos draußen an irgendeiner Stelle Freiheit verwirklicht gäbe. Und der Ort, an dem das der Fall ist, das ist eben das Reich der Kometen. Und damit kommen wir auf einen ganz wichtigen Punkt, nämlich: *die Verwandtschaft der Kometen mit dem Menschen.*

Gewöhnlich denkt man, die Kometen, die sind so seltsam, so fremdartig, daß sie uns eigentlich durch ihr Fernesein faszinieren. Weil es so ungewöhnlich ist, was sich da abspielt, wenn ein Komet über den Himmel wandert, fühlen wir uns angezogen wie von einer echten Sensation. Das stimmt schon. Aber auf der anderen Seite kann man auch sagen: Die Kometen sind uns Menschen in ihrem Wesen sehr nahe. Wenn wir sie nur mit der genügenden Aufmerksamkeit und Hingabe betrachten, dann entdecken wir immer mehr Wesenszüge an ihnen, die unserem eigenen Wesen sehr verwandt sind. Sehen Sie, das mit der Freiheit, das haben wir ja eben erwähnt; die Freiheit spielt für uns Menschen in unserer eigenen Lebensauffassung und für unser ganzes Daseinsgefühl eine wesentliche Rolle. Wir können sagen, in groben Linien ist ja unser Schicksal als Menschen vorgezeichnet, – da können wir nicht herausspringen. Daß wir alle geboren werden, daß wir alle eine aufsteigende Lebensphase haben bis zu einem gewissen Höhepunkt, daß dann eine absteigende Lebensphase kommt, wo die Kräfte nachlassen, und daß wir dann alle eines Tages sterben: So weit ist unser Schicksal absolut festgelegt. Aus diesem Muster können wir nicht aussteigen. Aber innerhalb dieses weitgespannten Rahmens ist natürlich nun das Einzelschicksal in höchstem Maße variabel und gestaltbar. Und da liegt das Freiheitsmoment. Ganz ähnlich ist es bei den Kometen. Wir können in großen Zügen sagen, wie die Biographie eines Kometen verläuft. Und ich sage mit ganzem Bewußtsein das Wort Biographie, denn es ist ja ein ungewöhnliches Wort innerhalb der Astronomie. Man würde sonst bei keinem Himmelskörper, bei keinem Gestirn von so etwas wie Biographie sprechen können. Die Sonne hat keine Biographie, der Mond, der Merkur, der Mars, die Fixsterne erst recht haben keine Biographie – aber der Komet hat wirklich so etwas wie einen Lebenslauf. Er wird nämlich eines Tages geboren, nur klein und unscheinbar (wir werden das nachher im einzelnen noch etwas genauer betrachten); er hat dann eine große aufsteigende Lebensphase bis zur Entfaltung des höchsten Glanzes; dann folgt eine symmetrisch dazu verlaufende absteigende Lebensphase und dann so etwas wie der Tod, jedenfalls ein totales Verschwinden aus der Sichtbarkeit. Aber innerhalb dieses – wieder muß ich sagen – weitgesteckten Rahmens ist nun der Verlauf des Kometenlebens ungeheuer variabel, ungemein differenziert und damit eben in jedem einzelnen Abschnitt unvorhersehbar.

Es gibt ein hübsches Gedicht von Hans Arp, von dem ich Ihnen die Eingangszeilen vorlesen will; er stellt die Frage nach dem Wesen des Menschen:

»Wer bin ich?
Bin ich ein verschollener Kuckuck,

der nur für einen kurzen Augenblick
wieder aus der Unendlichkeit treten muß,
um kuckuck zu rufen?«[3]

Man könnte genausogut sagen, das ist die Frage nach dem Wesen der Kometen. An dem Kohoutek haben wir es ja erlebt, der hat mit uns doch wirklich das Kuckuck-Spiel gespielt, das die Kinder so unendlich gern spielen und das so wichtig ist, weil es eigentlich ein Inkarnationsspiel ist. Nicht wahr, dieses Hervortreten aus dem Unsichtbaren und wieder Zurückschlüpfen ins Unsichtbare, das Hereinkommen in die Welt, sich aber wieder zurückziehen können, das ist diese wunderbare Übung, von der das kleine Kind nicht genug kriegen kann und die eigentlich eine verkleinerte Wiedergabe ist unseres ganzen Lebens-Kuckuck-Spieles, mit dem wir geborenwerdend ins Dasein treten und sterbend uns wieder zurückziehen. Bis wir es dann wieder machen, bis wir es dann wiederholen, nicht wahr, das Kuckuck-Spiel. Das ist ja die Idee davon: daß man es immer wiederholen kann.
Und so denken wir ja auch bei den Kometen über ihren Lebenslauf so, daß sie, wenn sie verschwunden sind, eines Tages doch wiederkommen können. Das nimmt heute jeder Astronom mit ganzer Selbstverständlichkeit an, daß die Kometen wiederkommen nach soundso langer Zeit. In bezug auf das Menschenschicksal ist man nicht ganz so unbefangen mit dieser Idee. Aber eigentlich ergibt sie sich mit der gleichen Natürlichkeit aus der Betrachtung des Gesamtverlaufs der Biographie.
Diese Verwandtschaft des Kometenwesens mit dem Menschenwesen, die will ich noch ein wenig weiter ausmalen.

---

[3] Aus dem »Logbuch des Traumkapitäns«, Verlag der Arche, Zürich 1965.

Schon in alter Zeit hat man darüber viel nachgedacht, und man hat die Kometen im Zusammenhang gesehen mit den Menschenseelen, die die Erde verlassen. Bei Ovid gibt es eine wunderbare Stelle, wo er schildert, wie die Seele Caesars nach seiner Ermordung aufsteigt in die himmlischen Sphären. Und da heißt es dann, daß sie von der Göttin Venus hinaufgetragen wird eine Stufe um die andere in die Himmelswelt:

»Wie sie ihn trug, ward licht und feurig der Geist, und [vom Busen
Ließ sie ihn frei. Hoch über den Mond nun stieg sie im [Fluge,
Und, im gedehnten Strich nachziehend das flammende [Haupthaar,
Glänzt er als Stern.«

Sehen Sie, hier ist die Seele Caesars geschaut im Bild eines Kometen: »nachziehend das flammende Haupthaar«. Und von dieser Vorstellung kommt ja eigentlich der Name der Kometen, denn Komet heißt übersetzt »der Haarstern«. Da sehen wir ihn vor uns. In ganz entsprechender Weise spricht sich Goethe aus, wenn er in dem »Epilog zu Schillers Glocke« formuliert:

»Er glänzt uns vor, wie ein Komet entschwindend,
Unendlich Licht mit seinem Licht verbindend.«

Die Vorstellung, daß der Komet einer Menschenseele verwandt ist, die ihren Weg nimmt hinauf in den Sternenbereich, ist demnach nicht ungewohnt. Und wir sagen ja auch umgekehrt von einem Menschen, der auf der Erde eine glänzende Karriere macht, daß er einen kometenhaften Aufstieg nimmt. Es ist durchaus etwas ganz Vertrautes, diese bildhafte Gleichsetzung. Interessant ist es freilich, sich klarzumachen, daß das nicht nur für bedeutende Persönlichkeiten, für große erlauchte Geister gilt. Es ist ja so, daß es auch unter den Kometen nicht nur die großen, glänzenden gibt, von denen man noch jahrhundertelang spricht. Vielmehr, wie es in der Menschheit auch ist, daß im Umkreis der paar großen Sterne, von denen man noch jahrhundertelang spricht, die ungezählte Menge der Menschen lebt, die ihr Schicksal auf diesem Planeten vereint, so gibt es auch am Himmel eine Unzahl von Kometen. Das weiß vielleicht der Laie nicht so, wie viele es sind. Kepler hat schon gesagt, sie sind zahlreich wie die Fische im Meer. Und die moderne Astronomie bestätigt das ausdrücklich. Man rechnet heute damit, daß es im ganzen etwa eine Anzahl von hundert Milliarden Kometen gibt. Das ist eine Zahl, die man sich nicht vorstellen kann; jedenfalls ist es furchtbar viel.

Und nun ist es bemerkenswert, zu welcher Anschauung man in der modernen Astronomie, gerade in den allerneuesten Forschungen, gekommen ist. Man findet da nämlich immer wieder ein Wort, wenn man die Astronomiebücher liest, das ist *die Kometenwolke.* Und damit ist gemeint, daß diese hundert Milliarden Kometen, also diese unvorstellbar große Zahl, als Wolke unser ganzes Planetensystem umlagern, in einer Art Ruhezustand. Sie bewegen sich da draußen nur ganz langsam, wie ruhend sozusagen. Das ist das Reich der unbegrenzten Möglichkeiten kometarischen Wesens. Und nur ab und zu wird aus dieser Wolke einer – oder werden auch mehrere – abgesandt, um in das Planetensystem hereinzufliegen, um da bestimmte Aufgaben zu erledigen, also auf einer Mission gleichsam; sie werden auf eine Missionsreise geschickt. Und dann spielt sich eben das ab, was wir vorher schilderten: Der Komet wird für uns, für die Sicht von uns Erdenmenschen, geboren, er tritt in Erscheinung, er läuft seine Bahn ab, erledigt seine Aufgabe und kann dann wieder verschwinden, tritt in die Kometenwolke zurück und wartet dort geduldig ab, bis ein neuer Auftrag auf ihn zukommt. So ungefähr kann man sich das vorstellen.

Bei diesem Ausdruck »Kometenwolke« und allem, was ich damit in Verbindung geschildert habe, liegt es nahe, an eine wundersame Wolkengestaltung zu denken, die in einem berühmten Kunstwerk enthalten ist. Es ist Ihnen sicher allen vertraut; ich meine das Bild von der Sixtinischen Madonna. Sie wissen, da steht Maria mit dem Kind auf dem Arm in der Mitte des Bildes vor einem Wolkenhintergrund. Und dieser Wolkenhintergrund offenbart sich – bei feinerem, genauerem Hinsehen – als zusammengesetzt aus lauter kleinen Köpfchen, lauter zarten Gesichtern, Kinder- und Engelsgesichtern. Das ist die »Wolke der Ungeborenen« um die Madonnafigur. Aus dieser Wolke der Ungeborenen, auf Verkörperung Harrenden trägt Maria eines herein – allerdings ein ganz besonderes, das eine ganz besondere Erdenmission zu erfüllen hat –, und die anderen sind im Hintergrund sozusagen wie auf Abruf oder in Erwartung, daß auch für sie die Schicksalsstunde kommt, in der sie hereingesandt werden mit ihrer jeweils eigenen Erdenaufgabe.

In diesem Sinne, kann man sagen, ist es kein schlechter Griff, daß die Maler immer wieder auf den Weihnachtsbildern, wo Jesu Geburt geschildert wird, als den Stern, der die Könige dann herbeigeführt hat, einen Kometen dargestellt haben. Wir sind heute nicht der Ansicht, daß es ein Komet war, der die Könige geführt hat – es gibt begründete Theorien darüber, daß es kein Komet war, sondern eine ganz bestimmte Sternkonstellation. (Darüber möchte ich jetzt nicht sprechen, denn das ist ein ganzes Thema für sich. Dr. Walther Bühler hat es einmal

ausführlich behandelt[4].) Aber als ein Bildsignal gewissermaßen, was andeutet: Hier tritt eine Seele in die Erdenwelt herein mit besonderer Mission, – dafür ist natürlich der Komet das gegebene Zeichen. Und insofern ist es vom Maler aus gesehen trotzdem ein genialer Griff, einen Kometen über die Geburtsstätte zu setzen, der signalisiert, was sich in diesem Augenblick abzuspielen beginnt.
Nun, wiederum hat man bei den Journalisten da interessante Ausdrücke gefunden. In einer Zeitung las ich: »Kometen – Sendboten aus dem All«. Genial, nicht wahr, dieser Ausdruck! Nur: der Journalist, der das geschrieben hat – er wird wohl kaum selbst glauben, was er geschrieben hat. Ich glaube es, daß die Kometen wirklich Sendboten sind! Oder, wie sich ein anderer ausgedrückt hat, »Sonderbotschafter«. Ja, so etwas sind die Kometen: als Sonderbotschafter auf Missionsreise geschickt.
Damit haben wir den anderen Pol des Lebens ins Auge gefaßt, wo es aus der Ungeborenheit herauskommt; während wir vorhin gesehen haben, daß man in früherer Zeit stärker den Blick gerichtet hat auf das Ende des Lebens, wo man die Menschenseele beim Verschwinden im Zusammenhang sah mit dem kometarischen Wesen.

*

Schauen wir nun ein wenig genauer hin auf die Art der Aufgabe, die solch ein Komet etwa in unserer Welt haben kann. Sie wissen ja, daß die Menschen im Mittelalter die Kometenerscheinungen mit großer Furcht, mit Angstgefühlen verfolgt haben. Und ich möchte wissen, wer von uns ganz kühl und sachlich und ungerührt weiterspazie-

---

4 »Die große Kunjunktion« im Sternkalender 1960/61, herausgegeben von der Mathematisch-Astronomischen Sektion am Goetheanum, Dornach/Schweiz.

ren würde, wenn er zum Himmel blickte und plötzlich eines großen Kometen ansichtig würde. Es war ja in unser aller Leben nicht viel Gelegenheit, große Kometenerscheinungen zu sehen. Die ältesten von Ihnen werden sich an den Kometen Halley erinnern von 1910, aber der war nicht so, daß er einen umgeworfen hätte. Ich selbst habe meine schönste Kometenbeobachtung im Frühjahr 1970 gemacht. Damals war in den frühen Morgenstunden der Komet Bennett am östlichen Himmel zu sehen. Ähnliche Gelegenheiten boten sich in den 50er und 60er Jahren, als die Kometen Arendt-Roland und Mrkos auftauchten. Aufregend waren alle diese Erscheinungen freilich nicht. Doch war man froh, überhaupt einmal einen Stern mit Schweif erblickt zu haben. Wenn man dagegen Berichte aus vergangenen Zeiten studiert, kann man ja die erstaunlichsten Dinge lesen. Ich habe da einen Bericht von einem deutschen Astronomen[5], der an der Sternwarte in Athen tätig war. Er beschreibt, wie er eines Abends herauskommt, als gerade die Dunkelheit angebrochen war – und plötzlich sieht er einen Kometen, der war aber so, daß sein Kopf am Horizont stand, und sein Schweif ging bis zum Zenit hinauf. Da erschrickt selbst ein Astronom.

Doch zurück zu den Menschen des Mittelalters, die mit viel kindlicheren, naiveren, aber auch natürlicheren Gefühlen solche Himmelserscheinungen verfolgt haben als wir übergebildeten Menschen des 20. Jahrhunderts. Die haben den Kometen eine starke Stimmung des Unbehagens entgegengebracht. Und sie haben gesagt, die Kometen sind Zuchtruten Gottes, also Zeichen für den Unwillen der Gottheit. Ausrufezeichen gewissermaßen: »Ändert euren Sinn!« So hat man von den Kometenerscheinungen die schlimmsten Auswirkungen erwartet: Kriege, Pesti-

[5] Wiedergegeben in K. Wurm »Die Kometen«, Springer-Verlag, Berlin/Heidelberg/New York 1954.

lenz und andere Seuchen, Unwetter und was nicht noch. Aber es war dann doch so, wie es in der Schule ist: Wenn ein Lehrer einmal ein rechtes Zorngewitter über seine Klasse ausbrechen läßt, das ist natürlich in dem Moment, wo es passiert, etwas für die Schüler äußerst Unbehagliches – und das soll es ja auch sein, sonst würde er sich diese Mühe nicht machen –, was Furcht- und Angstgefühle hervorrufen kann. Aber wenn es dann vorüber ist und sich auch ausgewirkt hat, so, daß alle ein bißchen zusammengefahren sind und sich jetzt wieder besser in der Hand haben, dann spürt man doch hinterher die wunderbar wohltätige Nachwirkung eines solchen Gewitters.

Und so ist es ja auch bei einem Gewitter, das tatsächlich meteorologisch über eine Landschaft dahingeht. Es gibt doch wohl kaum einen Menschen, der einem Gewitter mit rechter Fröhlichkeit und Gemütlichkeit entgegensehen würde. Wenn es so schwarz aufzieht am Horizont und wenn dann die Blitze zu zucken beginnen, der Donner grollt und von den Bergen hin- und widergeworfen wird – ich möchte einmal wissen, bei wem es da im Innern nicht vibriert, ein klein bißchen wenigstens. Aber wenn das Gewitter dann durchgezogen ist durch die Landschaft, dann fühlt man diese Wohltat, wie die Luft gereinigt ist, wie alles so sauber ist und frisch, und zwar nicht nur durch den Regen, sondern durch die gewaltigen Entladungen, durch diese gewaltigen Erschütterungen, die da durchgezogen sind durch die Elemente. Es ist hinterher die Welt wie neu geschaffen, und man hat das Gefühl: Jetzt kann das ganze Land noch einmal wie neu anfangen zu leben, und mit dem ganzen Land können es die Geschöpfe, die Tiere und die Menschen. Also das beängstigende Moment, vorher in der Erwartung und während es passiert, und das wohltätige Element, dieses Gefühl

des Neugeborenenseins im Nachhinein – das sind die charakteristischen Begleitumstände, die solch ein Gewitter mit sich bringt.
Und so, in ganz ähnlicher Weise, haben die Menschen empfunden den Kometenerscheinungen gegenüber: daß, nachdem so ein Komet da war, die Welt sich irgendwie anfühlt wie gereinigt, wie ausgeputzt; als wenn die Kometen so etwas wären wie die großen Himmelsbesen, die wieder für Ordnung sorgen müssen, wenn sich zu viel Unrat angesammelt hat im Weltall. Dann muß einmal wieder ausgefegt werden. Hernach kann man sagen: Luft ist gereinigt, atme der Geist! Das ganze Leben kann neu und erfrischt von vorn beginnen. In dieser Art hat man die Kometen empfunden.
Ich werde es noch an einem anderen Beispiel deutlich machen: Wenn ein Fieber als eine Hitze, eine Entzündungshitze durch den Körper hindurchgeht, eventuell mit Schmerz verbunden – es gibt ja so etwas, was man »fliegende Röte« nennt, die zuerst hier ist, an einem Glied, und dann zieht sie durch den Körper hindurch, äußert sich mal da, mal dort, sie bewegt sich hindurch – solange eine solche Hitzewelle oder Schmerzwelle sich durch den Körper hindurchbewegt, wird es wohl niemanden geben, der sie gern hat, der sie schätzt, sondern man versucht natürlich mit ärztlicher Hilfe, so schnell wie möglich so etwas wieder loszuwerden. Aber wenn solch ein Fieber durch den Organismus hindurchgezogen ist, dann fühlt man sich hinterher oft erfrischt. Man hört die Menschen sagen: Nach diesem Fieber fühle ich mich wie neugeboren; noch etwas schwach, aber irgendwie gelöst, gelockert. Nun kann man wieder anfangen zu leben, weil nämlich ein solches Fieber durch die Erhöhung der Temperatur allerhand Schlacken, Ablagerungen des Organismus auflöst, die dann ausgeschwemmt werden können. Deshalb fühlt

man sich hinterher so erneuert. – So ähnlich, müssen Sie sich vorstellen, dringt die Erscheinung eines Kometen in den Organismus unseres Planetensystems ein, als eine Art durchlaufender Hitze, eine wandernde Entzündung, ein kosmisches Gewitter, das einen gereinigten, entschlackten, gesäuberten Lebensorganismus zurückläßt.

An dieser Stelle muß ich noch eine Anmerkung machen über die Kometen, die wiederkommen oder von denen man doch annimmt, daß sie wiederkommen. Es gibt eine ganze Anzahl von Kometen, von denen man es genau ausgerechnet hat, in welchen Abständen, nach wieviel Jahren sie wiederkommen sollen, obschon – das muß ich dazufügen – die Sache mit dem Wiederkehren grundsätzlich ihre Probleme hat, da ein jeder Komet zwischendurch, wie schon gesagt, ganz und gar aus der Sichtbarkeit verschwindet. Es ist also nicht so, daß man ihm eine Erkennungsmarke anheften könnte, und die bringt er dann wieder mit, sondern er verschwindet total und bildet sich wieder neu. Nur kann es tatsächlich sein, daß dieser Neugebildete sich auf einer so gleichartigen Bahn bewegt und auch so ähnlich aussieht, daß man mit einer gewissen Natürlichkeit sagen kann: Es ist derselbe, der dort verschwunden ist, hier wiedergekommen. Nun lassen wir aber diese heikle Frage beiseite, ob es nun wirklich ganz derselbe ist oder inwieweit es derselbe ist. Nehmen wir es so hin, wie die Astronomen sagen: Es gibt Kometen, die wiederkehren. Der Halleysche Komet kommt etwa alle 76 Jahre wieder, den haben wir für 1986 wieder zu erwarten. Andere Kometen kommen in kürzeren Abständen zurück. Ein sehr bekannt gewordener hatte zum Beispiel die Periode von $6^2/_3$ Jahren; es gibt auch Kometen mit noch geringerer Umlaufzeit.

Was liegt denn da eigentlich vor, wenn sie immer wiederkehren? Das möchte ich Ihnen an dem Beispiel eines Menschen deutlich machen, der eine Wohnung oder ein Anwesen putzt, reinigt. Das ist ja, wenn eine Wohnung sehr verschmutzt ist, etwas außerordentlich Wohltätiges. Aber Sie wissen alle auch, daß man das Wohltätige übertreiben kann; man kann auch zu viel putzen. Und wenn jemand immer nur den Besen in der Hand hat und ständig da kehrt, wo gar kein Schmutz ist, dann wird das Putzen allmählich zu einer Qual für alle. Und dann sagt man: Dieser Mensch hat den Putzteufel im Leib oder ist selber einer. Sie sehen, da wird deutlich: Eine an sich positiv einzuschätzende Tätigkeit wird in ihr Gegenteil verkehrt, wenn sie übertrieben wird. So etwas scheint es tatsächlich auch im Bereich des Kometenlebens zu geben: daß nämlich ein Komet, der zu einer ganz bestimmten Aufgabe ausgesandt worden ist, wenn er die nun erledigt hat, nicht wieder davon ablassen kann. Er muß nun immerfort dasselbe wiederholen, wo eigentlich längst die Notwendigkeit erledigt ist. Dann wird das, was ursprünglich eine positive Aufgabenstellung war, in diesem ewigen Wiederholen zu einer Stereotypie und damit zu einer Krankheit, eigentlich zu einer Besessenheit. Man hat den Eindruck, daß bei manchen Kometen wirklich eine Art Besessenheit vorliegt, durch welche sie angetrieben werden, immer und immer dasselbe zu wiederholen, obwohl es allmählich zu einer Plage wird für das ganze Sternsystem, was eigentlich eine Wohltat hätte sein sollen.

Und das Interessante ist nun dabei, daß es so, wie es offenbar eine Instanz gibt, eine Welteninstanz, einen Auftraggeber, der Kometen aussenden kann zur Erledigung bestimmter Aufgaben, so gibt es offenbar auch eine Instanz, die wildgewordene Kometen wieder stoppen kann. Das ist freilich nicht so einfach, daß man nur ein Stopschild aufzustellen braucht. Denn wenn solch ein besessener Teufel umläuft, dann genügt es nicht nur,

»Halt« zu sagen. Es geht dann so wie beim Zauberlehrling, wissen Sie: Wenn er einmal angefangen hat zu putzen, dieser Besen, dann ist er nicht so leicht wieder zum Stillstand zu kriegen. Aber es gibt eine Instanz im Weltall, die dann eben kämpferisch einschreiten muß und so einen Wildgewordenen in Stücke schlagen kann. Vielleicht lesen Sie einmal nach bei Albert Steffen, der ein ganz wunderbares Gedicht geschrieben hat: »Die Schlacht im Himmel«.[6] Da schildert er einen solchen Fall, den charakteristischsten aus dem letzten Jahrhundert, wo der Bielasche Komet, der nun einer von der Sorte war, die nicht mehr aufhören können, zerschlagen worden ist in einem gewaltigen kosmischen Kampf. Zuerst ist er zweigeteilt worden, und nachher ist er in unzählig viele Stücke kleingespalten worden, die sich dann in der Erscheinung eines gewaltigen Sternschnuppenregens kundgetan haben. Zum ersten Male ist dieser Sternschnuppenregen aufgetreten 1872; da hat ihn Rudolf Steiner als Knabe von elf Jahren gesehen. Damals war es so, daß die Sterne so vom Himmel geregnet sind, daß die Menschen in Angst und Schrecken gerieten, weil man wirklich dachte, jetzt wird der Himmel sternenleer. Es hat sich dann ein paarmal noch wiederholt, nicht in so gewaltigem Ausmaß. Einmal nur kam er noch in so vergleichbarer Heftigkeit, dieser Sternschnuppenregen – daran werden einige von Ihnen sich noch erinnern – das war am 10. Oktober 1933. Seither hat sich diese Erscheinung ganz und gar verändert, sie ist in einen ganz anderen Rhythmus aufgenommen worden und ist nun in einem gewissen Ausmaß jedes Jahr zu sehen, aber nicht mehr so eindrucksvoll wie damals die einzelnen spektakulären Auftritte dieses Sternschnuppenregens.

---

[6] In »Wegzehrung«, Verlag für Schöne Wissenschaften, Dornach 1935.

Die Zerspaltung des Kometen Biela fand also am Ende des vorigen Jahrhunderts statt und fiel damit in einen Zeitraum, der für die Kometenastronomie überhaupt nicht ohne Bedeutung ist. Das Ende des letzten Jahrhunderts stellt geradezu eine Wendemarke in der Geschichte der Kometen dar. Ganz merkwürdigerweise. Denn seit dieser Zeit hat es eigentlich keine hervorragenden Kometenerscheinungen mehr gegeben, während gerade im 19. Jahrhundert ein wahrer Hexensabbat an Kometenerscheinungen am Himmel zu verzeichnen war. Die unglaublichsten Phänomene hat es gegeben im Laufe des letzten Jahrhunderts und früher, bis ins Mittelalter zurück; davon haben wir viele eindrückliche Berichte. Da gab es Kometen mit Schweifen, die über den halben oder ganzen Himmel reichten; da gab es Kometen mit mehreren – bis zu zehn – Schweifen und in den allermerkwürdigsten Formen, die man in älteren Büchern noch gezeichnet finden kann. Und dieses ganze Treiben, dieser Spuk, hörte ziemlich schlagartig auf mit dem Ende des letzten Jahrhunderts, so daß man deutlich merkt an dieser Wendung in den Himmelserscheinungen, daß mit der letzten Jahrhundertwende ein bedeutsamer geschichtlicher Periodenwechsel eingetreten sein muß. Wenn man es nicht aus der Betrachtung der irdischen Geschichte merkte, dann müßte man es aus der Betrachtung der astronomischen Geschichte entnehmen. Und in unserem Jahrhundert ist der Himmel so ziemlich kometenleer. Gerade deshalb war man ja so gespannt auf den Kometen Kohoutek, und deshalb konnte sich auch alles das, was über ihn zu sagen war, zu einer solchen Sensation auswachsen; weil praktisch niemand unter uns lebt, der einen großen, wirklich glänzenden Kometen schon gesehen hat. Deshalb war einfach jeder gespannt, nun endlich einmal einen zu Gesicht zu bekommen. Und man hatte einen gewissen Anlaß, sich auf die Erscheinung des Kohoutek zu freuen, aber Sie sehen ja, er hat uns eben demonstriert, was ein Komet ist und was er kann; er braucht sich jedenfalls nicht nach den Berechnungen der Astronomen und auch nicht nach den Voraussagen der Journalisten zu richten.

*

Nun möchte ich den Lebensgang eines Kometen am Beispiel des Kohoutek hier noch etwas deutlicher beschreiben. Im März 1973 hat also Dr. Kohoutek, dessen Aufgabe es ist, jede Nacht den Himmel zu beobachten bzw. zu fotografieren – heute macht man das eben mit der Kamera und hat nachher die Bilder gemütlich auf dem Schreibtisch liegen, wo man sie von Tag zu Tag vergleichen kann, um zu sehen, ob irgendwo sich etwas verändert oder etwas Unverhofftes auftaucht – Dr. Kohoutek hat nun tatsächlich plötzlich eines Tages an einer Stelle, wo vorher nichts war, ein kleines, helles Fleckchen entdeckt, ein nebeliges Fleckchen, ganz unscheinbar. Aber so einem Astronomen fällt es sofort auf an einer Stelle, wo vorher eben nichts zu sehen war. Nun geht er sorgfältig Tag für Tag die Fotoplatten durch und verfolgt immer an dieser Stelle: was tut sich da? Er sieht, daß dieses Fleckchen sich verschiebt, daß es nach ein paar Tagen weitergerückt ist, und dann noch weiter und noch weiter, und daß es bei diesem Wandern allmählich heller wird und etwas größer. Nun beginnt es auch noch, wenn man es weiter verfolgt, allmählich ein Schwänzchen auszubilden. Wie bei einer Kaulquappe etwa wächst es da heraus. Der Beobachter weiß inzwischen längst mit Sicherheit, daß es sich um einen Kometen handelt. Und je weiter dieser auf seiner Bahn läuft, desto länger und heller wird sein Schweif. Wir stellen uns ja nach dem Schema des Kopernikus vor, daß die Sonne im Mittelpunkt unseres

Planetensystems steht und daß um sie herum in verschiedenen kreisförmigen Ellipsenbahnen die Planeten sich bewegen. In der Mitte wäre die Sonne, und darum herum laufen Merkur, Venus, die Erde, der Mars, der Jupiter und weiter draußen noch die fernen Planeten.

Der Komet kommt nun auf einer langgestreckten elliptisch gekrümmten Bahn hier herein, während die Planeten kreisförmige Bahnen haben. (Sie wissen alle, daß sie strenggenommen Ellipsen laufen, aber diese Ellipsen sind so kreisähnlich, daß ich die Abweichung in der Zeichnung ruhig vernachlässigen kann.) Der Komet macht wirklich eine Ellipse, so wie man sich eine Ellipse vorstellt, nämlich ein langgestrecktes Oval. Und so kommt er also immer weiter herein, er kreuzt die Bahnen der Planeten, kommt schließlich ganz nah zur Sonne her, und währenddessen wird sein Schweif immer größer. Am größten ist er, wenn der Komet der Sonne am nächsten steht. Und nun geht die Bahn symmetrisch zu diesem Einstieg wieder zurück, wieder heraus aus der Sonnennähe, und dabei wird der Schweif allmählich wieder kleiner, es bleibt nur noch das Lichtfleckchen, und auch dieses wird lichtschwächer und verschwindet eines Tages ganz; man kann es dann auf der fotografischen Platte nicht mehr feststellen. Das ist im Großen gesehen der Lebensweg eines Kometen. – Dabei gilt im allgemeinen die Regel, daß die Kometen erst in der Entfernung der Marsbahn sichtbar werden und dann auch wieder bei der Marsbahn verschwinden. Das ist so eine Faustregel. Der Kohoutek wurde aber schon bei der Jupiterbahn sichtbar, und das ist ja viel weiter weg. Deswegen hat man sich gesagt: Wenn er so weit draußen schon zu sehen ist, dann muß es ein kapitales Exemplar sein. Darauf hat sich die ganze Spekulation gegründet, daß er so groß werden würde. Es hat sich aber eben, wie man sieht, nicht bestätigt.

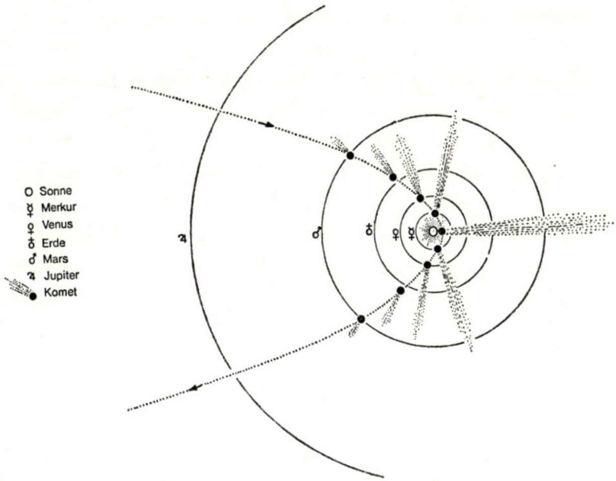


Nun ersehen Sie schon aus meiner Zeichnung eine Merkwürdigkeit, die Ihnen vielleicht auffallen müßte, nämlich wie der Schweif steht. Der Schweif steht immer so, daß er von der Sonne wegzeigt. Es ist also keineswegs so, wie man sich vielleicht naiv vorgestellt hat, daß der Komet seinen Schweif nachzieht im Lauf, so wie es auch den Anschein haben könnte aus dem Ovidschen Zitat: das Haupthaar nachziehend. Das ist nicht exakt; sondern der Komet schleudert seinen Schweif außen herum; während der Kern sich auf der elliptischen Bahn bewegt, macht der Schweif einen wesentlich größeren Weg durch. Und wenn man nun noch berücksichtigt, daß nach den Keplerschen Gesetzen der Kometenkopf sich gerade hier, wo die Kurve in der Sonnennähe am schärfsten gekrümmt ist, am schnellsten bewegt und daß gerade da, an der scharfen Kurve, der Schweif am längsten ist, dann ist klar, daß das Ende des Schweifes eine ungeheure Geschwindigkeit erreichen muß bei diesem Umschwung. Denn der Kometenkopf erreicht hier schon eine fast unvorstellbare Schnelligkeit; denken Sie sich z. B. etwas in der Größenordnung von 600 Kilometer in der Sekunde. Was soll aber dann der Schweif tun? Überlegen Sie: wenn der über den halben Himmel reicht, also viele Tausende oder Millionen von Kilometern lang ist, und wenn der Kopf sich hier schon mit einer so hohen Geschwindigkeit bewegt – wie kann dann der Schweif überhaupt mitkommen? Das ist, einfach formuliert, die Frage, welche die Astronomen seit eh und je beschäftigt und für die man eigentlich auf keine einleuchtende Lösung kommt. Denn andererseits hat man festgestellt, daß der Schweif etwas unsagbar Dünnes und Zartes ist; also nicht so, als wenn ich einen Stock in die Hand nehme und mache mit ihm eine schnelle Bewegung durch die Luft. Selbst der Stock oder der Metallstab würde sich, wenn ich ihn sehr schnell bewege, verbiegen. Aber dieser Kometenschweif, der ist dünner als ein Nebelschleier. Man hat festgestellt: Wenn er sich vor Sternen vorbeibewegt, die am Himmel stehen, dann werden diese Sterne, so schwach sie auch sind, nicht verdeckt von dem Schweif, sondern man sieht sie immer noch hindurch. Er muß also sehr dünn sein. Andererseits hat man bemerkt, wenn die Konstellation einmal so ist, daß der Schweif für unsere Blickrichtung vor der Sonne sich vorbeibewegt – auch das kommt vor –, da hat man erwartet, daß man jetzt die Sonnenscheibe ein bißchen abgedunkelt sehen würde durch den Schweif. Nichts dergleichen! Also wieder ein Beweis dafür, wie dünn er ist, wie zart. Und trotzdem läßt er sich so herumschleudern da draußen!

Ich will versuchen, Ihnen das anhand eines Beispiels verständlich zu machen, welches den älteren von Ihnen geläufig ist, wenn sie sich an ihre Erlebnisse aus der Kriegszeit erinnern. Da hat man oft des Nachts beim Fliegerangriff die Scheinwerfer gesehen, welche die feindlichen Flugzeuge suchen mußten; man hat diese langen Lichtfinger an den Himmel hinausgreifen sehen, manchmal von verschiedenen Seiten, sie haben herumgesucht, bis sie das Flugzeug hatten; vielleicht haben es zwei endlich gefaßt gehabt, und dann haben sie es nicht mehr losgelassen, sind dem Flug nachgewandert. Und jetzt konnte die Flak anfangen zu schießen; das war ja der Zweck der Übung, daß man das Flugzeug beschießen konnte, wenn es beleuchtet war. Vorher aber, ehe sie das Flugzeug hatten, da sind sie so suchend am Himmel herumgeirrt, diese langen Lichtfinger. Und sehen Sie, da ist Ihnen ja ohne weiteres klar, wenn ich sage: die Scheinwerfermannschaft, die diese Lampe zu bedienen hat, die kann die Lichtquelle drehen und wenden, wie sie will, und auch so schnell wie sie will: der Lichtfinger wird sich immer mitbewegen, der verbiegt sich dabei nicht. Warum verbiegt er sich nicht? Obgleich er doch ganz dünn ist, noch dünner als jeder dünnst-denkbare Schleier? Warum verbiegt er sich nicht? Die Antwort ist einfach: Der hat gar keine Materie, der ist ja aus nichts, er besteht aus nichts. Trotzdem ist er sehr gut sichtbar. Und wenn es ein bißchen nebelig ist, wenn die Luft ein klein wenig dunstig ist, dann sieht man ihn desto besser, diesen Lichtfinger. Ja, was sieht man denn? Man sieht ja gar nicht das Licht, man sieht den beleuchteten Dunst. Oder wenn gar eine Wolke dazwischenkommt, dann glüht er auf einmal ganz hell auf; oder wenn er das Flugzeug erreicht, dann sieht man das Flugzeug schimmern im Licht. Und wenn sich jetzt dieser Lichtstrahl bewegt – was bewegt sich da? Da bewegt sich keine Materie, kein Stoff, sondern es bewegt sich – wenn ich das einmal so ausdrücken darf, so abstrakt, aber man kann es gar nicht anders formulieren – der Zustand des

Beleuchtetseins. Zuerst ist nämlich der Nebel da drüben beleuchtet, und wenn sich der Lichtstrahl bewegt, dann wird der Nebel hier beleuchtet und dann der hier, und dafür fällt der vorher beleuchtete Teil wieder in Dunkelheit zurück. Es bewegt sich also ein Zustand, etwas Immaterielles. Ein Zustand bewegt sich durch die Materie der Luft oder des Nebels hindurch. Deswegen macht es auch gar keine Schwierigkeit, daß diese Bewegung mit einer x-beliebigen Geschwindigkeit sich abspielt, weil gar keine Materie bewegt wird.

Und sehen Sie, jetzt will ich Ihnen sagen, wie ein französischer Astronom eine geniale Bezeichnung gefunden hat für die Kometen: *»des riens visibles«* – »sichtbare Nichtse«. Das ist gerade das, was ich versucht habe, durch das Scheinwerferbeispiel klarzumachen, denn dieser Lichtstrahl ist »un rien visible« – »ein sichtbares Nichts«. Deswegen kann er sich auch gleichsam ohne Reibung, ohne Widerstand mit x-beliebiger Geschwindigkeit durch den Raum bewegen. So etwas Ähnliches ist der Komet.

Die Bedeutung dieser Erkenntnis werden Sie in ihrem ganzen Ausmaß erst begreifen, wenn Sie das Gewonnene in einen größeren Rahmen hineinstellen. Setzen wir es in Beziehung zu dem, was ich Ihnen bei früherer Gelegenheit über die Struktur unseres Sonnenalls als Ganzheit auseinandergesetzt habe und was auch in meinem Sonnen-Buch[7] ausführlich dargestellt ist. Ich muß darauf jetzt zurückgreifen, um Ihnen vollends den Schluß zu runden über das Rätsel der Kometen.

Sie erinnern sich an die Beobachtung, die man bei bestimmten Gelegenheiten, bei einer Sonnenfinsternis zum Beispiel, machen kann: daß die Sonne um sich herum einen Strahlenkranz hat, man nennt ihn Korona, der

---

[7] »Die Sonne – Gestirn und Gottheit«, Verlag Urachhaus, Stuttgart 1972.

greift nach allen Seiten weit hinaus, und die Scheibe in der Mitte wirkt wie eine Art Aussparung in dem von zartem Strahlenweben erfüllten All. Dieses Korona-Wesen, diese Strahlenhülle ist so gewaltig groß – das haben uns erst die allerneuesten Forschungen, vor allen Dingen die durch die Satellitenaufstiege begünstigten Forschungen gezeigt –, daß das ganze Planetensystem in diese Strahlenhülle eingetaucht ist, gleichsam in einen großen Lichtsee, in dem die Planeten auf ihren Bahnen schwimmen. Aber ein See, dessen Wasser nicht stillsteht, sondern dessen Wasser in gewaltig pulsierenden Sturmwellen bewegt wird. Alles spielt sich hier ab in einem sehr dünnen Medium, aber trotzdem gewaltig bewegt.

Nun verfolgen wir noch einmal die Bahn des Kometen. Er bewegt sich also auch in dem Korona-Ozean, er schwimmt von der Peripherie her gegen die Mitte zu. Der Kern durchläuft das Strömungsgeschehen demnach als eine Art Störungszentrum. Und während er so, die Stromlinien schneidend, sich vorwärtsbewegt, wird etwas sichtbar, was vorher unwahrgenommen vorhanden war. Was wird nämlich sichtbar? Der Kometenschweif tritt desto ausgeprägter in Erscheinung, je weiter sich der Kern gegen das Perihel (sonnennächster Punkt) zu bewegt. Und der Schweif zeigt eine ganz gleichartige faserig-strahlige Struktur, wie das Korona-Stromlinienfeld sie aufweist[8]. Was sind denn die fächerigen Strahlenbüschel, die, als Schweifbildung am Kometenkern ansetzend, hier erscheinen? – Sie sind gar nichts anderes als einzelne Partien von dem großen Strahlenkranz, die nacheinander sichtbar werden. Noch einmal: Wenn der Kopf da

---

[8] Nicht nur der strukturelle Aufbau ist vergleichbar; auch die Geschwindigkeiten im Kometenschweif und im strömenden Sonnenplasma des interplanetaren Raumes werden in übereinstimmender Größenordnung angegeben.

durchwandert, so wird immer in der Richtung hinter dem Kopf, von der Sonne aus gesehen, etwas sichtbar, was sonst nicht sichtbar ist. So wie in der Leuchtrichtung des Scheinwerfers etwas sichtbar wird von der vorher im Dunkel unsichtbaren Luft oder dem Nebel, so wird da etwas sichtbar. Und dieser Zustand des Sichtbarwerdens, der läuft um. Es ist ein umlaufender Zustand. Wenn wir auf unser physiologisches Beispiel zurückgreifen, so könnte man sagen, es ist eine Art von fiebriger, entzündlicher Störung, die umläuft in der Sonnenkorona und nacheinander einzelne Partien davon wahrnehmbar werden läßt. Ebenso wie, wenn ein Schmerzgefühl oder eine Hitzewelle meinen Organismus durchläuft, die einzelnen Partien nacheinander für mich bemerklich werden. Denn wenn ich ganz gesund bin wie ein Fisch im Wasser, dann spüre ich ja meinen Körper überhaupt nicht. Ich spüre ihn erst, wenn ein Schmerz mir das Bewußtsein dahinlenkt, daß ich einen Ellenbogen habe, in dem z. B. Arthritis wirkt. Dann merke ich auf einmal, daß ich dieses Stück Körper hier habe. Wenn es aber nun ein Schmerz ist von der Art, daß er wandert, so wird mir nacheinander ein Stück um das andere bewußt von meinem Organismus, dann läuft die Störung so hindurch.

Vielleicht hat der eine oder andere von Ihnen sich schon gefragt: Es ist doch merkwürdig, daß da gesprochen wird von diesen »sichtbaren Nichtsen« und daß es nur ein Zustand sein soll, der umläuft; denn wir haben doch überall gelesen in den Zeitungen, und in den Astronomiebüchern kann man es auch lesen, daß die Kometen sehr wohl aus etwas bestehen, und man weiß sogar ganz genau, woraus. Es werden die chemischen Elemente einzeln angegeben, aus denen die Kometen bestehen. Ja nun, verehrte Zuhörer, das ist ja gar kein Widerspruch gegen das, was ich sage. Denn wenn der Schmerz zuerst hier ist im Handgelenk und nachher am Ellenbogen und nachher im Schultergelenk, dann ist ja da auch etwas, und Sie können sogar als Arzt Gewebeproben entnehmen und genau analysieren und sagen, welche chemischen Elemente die Zellen hier und dort zusammensetzen. Diese sind wahrscheinlich sogar gerade durch den Entzündungszustand, der durchläuft, verändert, so daß es eine ganz spezifisch veränderte Chemie des Organismus ist, und die kann ich genau angeben. Es wäre aber trotzdem Unsinn, zu sagen: der Schmerz besteht aus diesen chemischen Elementen. So ist der Unterschied. Der Zustand, der hier umläuft, dieser Fieberzustand, dieser Erhitzungszustand, macht etwas wahrnehmbar, was dort ist; aber man kann nicht sagen, daß der Zustand – der Komet – aus dem besteht, was dort ist.

*

Nachdem wir in unserer Betrachtung so weit fortgeschritten sind, möchte ich Ihnen ein Gedicht vorlesen, das überschrieben ist: »Kometenjahre«, es stammt von Börries von Münchhausen und fängt so an:

»Sonnen-Entborener,
Weit in die Sternen-Meere Verlorener,
Ewiger Wiederkehr Erkorener,
Der du uns Dämmernden leuchtend dich nahst,
Sonnen-Entronnener,
Du vom Schaum der Gestirne Umsponnener,
Menschlichem Schicksal als Führer Gewonnener,
Weltweiser Wanderer, sag, was du sahst!«

(Nun geht das Gedicht weiter, es ist ein urlanges Gedicht, ich kann es Ihnen nicht ganz vorlesen, denn jetzt fängt der Komet an zu erzählen, was er gesehen hat auf seiner Weltenreise.) Worauf es mir im Augenblick dabei an-

kommt, das sind die zwei Ausdrücke: Sonnen-Entborener und Sonnen-Entronnener. Es ist ja manchmal erstaunlich, wie die Dichter einen Griff tun und etwas in der Hand haben, was die Wissenschaft erst viele Jahrzehnte später mühselig Schritt für Schritt herausarbeitet. Daß der Komet ein Sonnen-Entborener ist oder ein Sonnen-Entronnener – wie man es nennen will –, das zeigen eigentlich die heutigen modernsten Ergebnisse der Kometen-Astronomie ganz deutlich auf. Der Dichter hat es aber einfach so aus einem genialen Griff heraus schon vorher gehabt.
Der Komet ist eigentlich *ein Bündel Sonnenstrahlen,* ein Teil der Sonne. Und damit komme ich jetzt zum letzten Abschnitt dessen, was ich Ihnen heute abend sagen wollte, denn jetzt sehen Sie auf einmal das ganze Kometenwesen noch in einem anderen Licht. Oder ich will so sagen: Sie sehen unser ganzes Weltall plötzlich, durch die Kometen aufmerksam gemacht, in einem anderen Licht. Wenn wir nämlich das Weltall gründlich betrachten, dann kommen wir dahin zu sehen, daß allem, was sich da abspielt unter den Sternen unseres Planetensystems, eine Ur-Polarität, eine fundamentale Gegensätzlichkeit zugrunde liegt, und das ist die von Sonne und Erde. Das habe ich auch in meinem Sonnen-Buch ganz ausführlich versucht, von verschiedensten Seiten zu beleuchten, diesen Gegensatz: Sonne und Erde. Die Erde als ein materieller Körper, der ganz fest in sich geballt ist, eine Masse-Kugel, auf der wir oben darauf stehen, die wir gewissermaßen unter unseren Füßen haben; die hat eigentlich alles, was zu ihr gehört, in sich beschlossen. Und die Sonne als ein Wesen, das ganz entgegengesetzter Natur ist, ein Wesen, das seinen ganzen Inhalt, seine ganze Fülle im Umkreis hat, in diesem gewaltig großen Strahlenleib, von dem wir eben gesprochen hatten; und gegen die Mitte zu hat sie eine Aussparung, eigentlich eine Art von Höhlung, an deren

Grenze dieses intensive Leuchten auftritt, das wir von der grellen Sonnenscheibe her kennen. Also: die Erde als eine ausgefüllte Materie-Zusammenballung und die Sonne als dieses in alle Weiten verströmende Strahlenwesen mit der glänzenden Perle im Mittelpunkt – das ist die große Ur-Polarität.

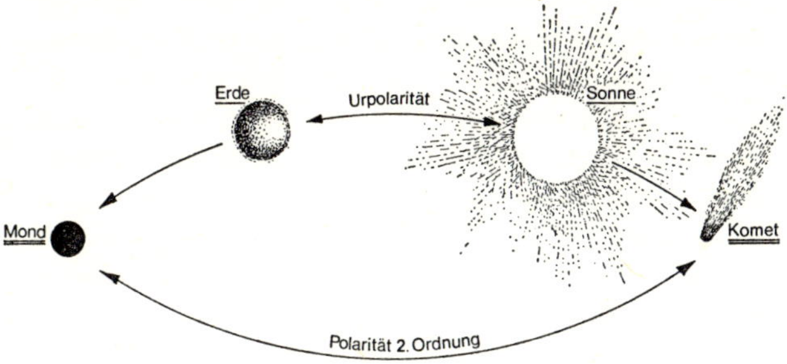


Und nun kann man folgendes beobachten: Es gibt von diesen beiden Gegensätzen jeweils noch eine Steigerungsform. Wenn ich das, was Erde ist, als Materieballung toter, fester, undurchdringlicher Art, in sich noch steigere, gleichsam ins Quadrat erhebe, dann bekomme ich eine Art von Weltenkörper heraus, die noch toter ist, noch kälter, noch ausschließlicher in sich geballte Materiemasse. Das ist der Mond. Er ist ja ein Stück Erde, ausgestoßen aus dem lebendigen Erdkörper, weil er zu tot war, weil er nicht mehr tragbar war, weil er nicht mehr verdaut werden konnte. Wie ein Stein, etwa ein Nierenstein, ausgestoßen werden muß aus einem lebendigen Organismus, so ist der Mond ausgestoßen worden aus dem lebendigen Erd-Organismus. Ich könnte auch sagen, er ist eigentlich ein Exkrement der Erde.

Entsprechend gibt es auf der anderen Seite auch eine Übersteigerung des Sonnenhaften. Die kommt zustande, wenn man das Zerstrahlen, das Sich-Ausdehnen, Hingeben, Verbreiten ins Unendliche des Sonnenwesens noch in sich potenziert. Dann bekommt man so etwas wie ein bloß noch hingehauchtes, bloß noch zerstiebtes, verirrtes Bündel von Sonnenstrahlen. Das ist die Steigerungsform der anderen Seite. Nach jener Seite ist es eine Ballung – nach dieser Seite ist es ein Versprühen und Verspritzen. Und ich erhalte dieses Gebilde, was nur noch ein Bündel versprühender Sonnenstrahlung ist – den Kometen.

Das war die Ur-Polarität hier in der Mitte: Sonne – Erde; das ist die gesteigerte Polarität: Mond – Komet (s. Zeichnung). Noch besser könnte man sagen, mondenhaftes Wesen und kometarisches Wesen, denn, Sie wissen ja, es gibt nicht nur unseren einen Mond, sondern es gibt eine ganze Anzahl Monde in unserem Planetensystem, und – wie wir auch am Anfang gesagt haben – es gibt diese Unzahl von Kometen, die zum System dazugehören. Man kann also sowohl vom Wesen des Mondes als auch vom Wesen des Kometen als von etwas Typischem sprechen. Und erst in diesem Zusammenwirken von der Ur-Polarität Sonne und Erde und von dieser Extrem-Polarität des lunarischen und kometarischen Wesens innerhalb der Lebensprozesse des Systems hat man die ganze Wahrheit oder Lebenswirklichkeit unseres Planetenalls erfaßt.

Und wenn Sie nun dem nachgehen – da haben Sie einen wunderbaren Schlüssel in der Hand. (Ich kann hier heute nur noch ein paar Überschriften geben, was alles untersucht werden müßte oder womit man sich in Gedanken weiterhin abgeben könnte.) Hat man diesen Schlüssel in der Hand, so erschließt sich einem vieles, was in der Welt vor sich geht. Ich will nur einiges Wenige erwähnen:

Der Mond hat mit alldem etwas zu tun, was wächst. Das weiß der Landwirt, der einmal darauf gekommen ist und sich für dumm halten würde, wenn er sich nicht nach dem richten wollte, was einem der Mond helfen kann im landwirtschaftlichen Anbau, bei der Aussaat usw. Der Mond hat einen Einfluß auf die Wachstumskräfte. Alles Wachsen und Gedeihen hängt mit dem Mond zusammen. Wenn aber bei dem Wachsen und Gedeihen etwas herauskommen soll, was in die Zukunft hineinwirkt, für die Pflanzen selbst, aber auch für die Menschheit, die sich von den Pflanzen ernährt, dann muß die Pflanze auch Früchte ausbilden. Und wenn sie Früchte ausbilden will, darf sie nicht immer weiter wachsen, sondern es muß einmal das Wachstum angehalten werden, und es muß ein anderer Prozeß eingreifen, nämlich der Prozeß des Reifens. Der Prozeß des Reifens ist ein ganz anderer als der des Wachsens, ein entgegengesetzter Prozeß. Wenn es reift, dann stirbt eigentlich leise das Wachstum. Das Reifen ist ein leises Sterben. Und im Menschenleben – das sage ich nur so in Klammern dazu – sollte das Sterben ein Reifen sein. Im Pflanzenwachstum jedenfalls ist das Reifen ein leises Sterben. Und nun ist es interessant: So wie der Mond mit den Wachstumsvorgängen zusammenhängt, so hängt der Komet mit den Reifungsprozessen zusammen. Das wußte übrigens schon Hegel, der große Philosoph, der darauf hingewiesen hat, daß immer, wenn bedeutende Kometenerscheinungen auftreten, ein besonders gutes Weinjahr folgt. Und beim Wein kommt es ja gerade auf die Reifung besonders an; denn was nützen uns die größten Trauben, wenn sie nicht süß sind? Sie müssen süß sein, und das Werden der Süße, das ist dieser entgegengesetzte Prozeß. Der kommt nicht aus dem Wäßrigen, sondern aus dem Sonnigen, aus der Hitze. Also Wachsen und Reifen, das sind so zwei Gegensätze, die die ganze lebendige Welt beherrschen und die zusammenhängen mit Monden- und Kometenwirksamkeit.

Im menschlichen Bereich haben wir auch solch einen großen Gegensatz: Man ist Mensch natürlich, jeder von uns ist Mensch; aber trotzdem sind die Menschen einander nicht gleich, sondern es gibt zwei große gegensätzliche Gruppen von Menschen: die weiblich inkarnierten Menschen und die männlich inkarnierten Menschen. Das ist ein ganz gewaltiger Gegensatz, ob man eine Frau ist oder ein Mann; vom Körperlichen bis ins Seelische hinein durchdringt alles dieser Gegensatz. Unser ganzes Schicksal ist weitgehend mit davon bestimmt, wie wir reagieren aufgrund dessen, daß wir männlich oder weiblich veranlagt sind. Das bestimmt weitgehend unser ganzes Verhalten. Diese gegensätzliche Veranlagung ist eine irdische Widerspiegelung des kosmischen Gegensatzes von Mond und Kometen. Wenn man diesen Schlüssel einmal in der Hand hat, versteht man vieles, was einfach rätselhaft oder verworren bleibt, solange man diesen Schlüssel nicht hat, was sich abspielt auf der Erde an Schicksalen, Begegnungen und Verflechtungen zwischen männlichem und weiblichem Wesen.

Eines möchte ich noch erwähnen. Auch der wunderbare Gegensatz von Brot und Wein hängt mit dieser großen kosmischen Polarität von Mond und Kometen zusammen. Man hat manchmal sich die Frage gestellt in der Geschichte des Christentums, warum es eigentlich notwendig ist, daß das Abendmahl in zweierlei Gestalt genommen wird. Christus selbst hat ja diese Zeremonie seinen Jüngern als ein Mittel gegeben, um immer wieder mit ihm in eine neue gegenwärtige Verbindung zu kommen: »So oft ihr dieses tut, so oft werde ich bei euch in eurer Mitte sein und mit euch wirken.« Aber warum es notwendig ist, daß dieses Abendmahl, daß diese Kommunion durch Brot und Wein ausgespendet wird, das hat man sich oftmals gefragt. Würde es nicht eigentlich genügen, wenn man nur *eine* Substanz hätte, in der man das Christus-Wesen anwesend weiß? Nein, es würde nicht genügen, es wäre ein Kurzschluß, das zu denken, weil die ganze Welt eben zwiegestaltig ist. Und so kann es nicht anders sein, als daß die gewaltige große sonnenhafte Schöpferwesenheit, die in dem Christus sich mit der Erde verbunden hat – daß also der Sonnengott, welcher ein Erdenmensch geworden ist, denjenigen Menschen, die ihm nachfolgen wollen und die seine Gegenwart suchen, sich in zweifacher Gestalt mitteilt, auf zweifache Weise ihnen entgegenkommt: in Brot und Wein, das heißt in einer Substanz, die geformt ist, gebacken in einem Laib und dann als Hostie ausgestochen in der wunderbaren Kreisform – und in der anderen Substanz, die als Flüssigkeit gar keine Eigenform hat, sondern sich einschmiegt in jedes Gefäß, das man ihr zur Verfügung stellt, die aber dafür die Gabe hat, in der flüssigen Beweglichkeit alles zu durchdringen und zu beleben. Also Form und Inhalt gewissermaßen. So etwas haben wir vor uns in Brot und flüssigem Wein. Das hängt wieder mit dieser Ur-Polarität zusammen.

Und so könnte man die Welt durchgehen und würde immer wieder auf dieselben Grundverhältnisse zurückkommen. Mit diesem Schlüssel in der Hand wird einem auf einmal das ganze Weltall groß und wunderbar, und es wird einem zu einer Landschaft, in der man leben kann, in der man als Mensch leben kann; denn als Mensch fühlt man dieselbe Polarität in sich: zwischen dem, was man in seinem Haupte denkt, und dem, was man in seinen Gliedern schafft. Das wird auch nicht unbedingt immer zusammenklingen. Das, was man denkt, und das, was man tut, das sind wieder Polaritäten, die von Anfang an in einem Gegensatz stehen, die man aber allmählich in seinem Menschenleben unter einer einheitlichen Regie zu führen lernen muß. Also weil man selber als Mensch so ein polar aufgebautes Wesen ist, deshalb kann man auch in dem Weltall, das man so polar geordnet findet, sich heimisch fühlen. Das ist gar keine Selbstverständlichkeit. Denn in dem Weltall, das uns die populären Astronomiebücher von heute schildern, in dem kann man eigentlich nicht leben; das ist ein Weltall von einer geradezu unheimlichen Öde und Leerheit und Kälte. Wenn jemand von Ihnen zufällig den Film gesehen haben sollte »2001 – Odyssee im Weltraum«, dann wird er bestätigen, was ich jetzt gesagt habe: daß das Weltbild, was man heute produziert in solchen populären Darstellungen, eigentlich eines ist, in dem man als Menschenseele sich nicht ansiedeln kann.

Deshalb ist es um so wichtiger, daß wir allmählich ein Weltbild gewinnen nicht aufgrund dieser populär-verballhornten Darstellungen, sondern aufgrund der wirklichen Einsichten, die uns die Spitze der Forschung bringt. Und da können wir dem Kometen Kohoutek dankbar sein, daß er uns ein Jahr geschenkt hat, wo wir uns alle vielleicht so viel mit Astronomie beschäftigt haben wie noch nie zuvor und wie nicht so bald wieder danach. Auch wenn er selbst sich dann bescheiden hinter die Kulissen zurückgezogen und sich gar nicht groß aufgespielt hat, so war er doch in seiner Wirkung ein Signal, das uns aufmerksam macht, in welcher Richtung es lohnend ist, sich mit den Geheimnissen des Weltalls immer weiter und immer tiefer zu beschäftigen.

Dem Leser, der sich weiter mit dem Thema dieses Vortrags befassen will, sei das handliche Büchlein »Die Kometen« von K. Wurm (Springer-Verlag, Reihe »Verständliche Wissenschaft«) empfohlen sowie der Sammelband »Anthroposophie und Astronomie« von Elisabeth Vreede.

Eine Fülle von zum Teil noch unausgewerteten Anregungen findet man im Vortragswerk Rudolf Steiners verstreut. Besonders sind hier zu erwähnen »Die Geheimnisse des Weltenalls. Kometarisches und Lunarisches« (5. 3. 1910) und die achtzehn Vorträge »Das Verhältnis der verschiedenen naturwissenschaftlichen Gebiete zur Astronomie« (1. – 18. 1. 1921).